Bibliografische Information der Deutschen Nationalbibliothek:

Die Deutsche Bibliothek verzeichnet diese Publikation in der Deutschen National-
bibliografie; detaillierte bibliografische Daten sind im Internet über http://dnb.d-
nb.de/ abrufbar.

Impressum:

Copyright © 2012 GRIN Verlag, Open Publishing GmbH
Druck und Bindung: Books on Demand GmbH, Norderstedt Germany
ISBN: 9783668259379

Dieses Buch bei GRIN:

http://www.grin.com/de/e-book/194692/schatzrallye-durch-suedostasien-unterricht-
sentwurf-fuer-die-7-klasse

Franziska Sobania

Schatzrallye durch Südostasien. Unterrichtsentwurf für die 7. Klasse

GRIN Verlag

Schriftlicher Unterrichtsentwurf

für die **Prüfungslehrprobe**

im Ausbildungsfach **Geographie**

Thema der Stunde:

Schatzrallye durch Südostasien

Datum: 16. Februar 2012

Klasse: 7b

Inhaltsverzeichnis

1) Ziele der Stunde

Die Zielstellungen der Unterrichtsstunde orientieren sich am schulinternen Lehrplan der Schule, der aktuellen Klassensituation sowie am Kenntnisstand und den Lernvoraussetzungen der Schüler[1]. Folgende Zielformulierungen gehen auf das Kompetenzmodell des Thüringer Lehrplans für das Fach Geographie zurück[2].

1.1) Grobziel

Die Lernenden erwerben Kenntnisse über die naturräumliche Gliederung und Topographie des südostasiatischen Raums. In diesem Zusammenhang festigen sie den Umgang mit geographischen Arbeitstechniken, indem sie diese zunehmend selbstständig anwenden. Durch das Arbeiten im Team schulen sie die gemeinsame Planung und Umsetzung von Arbeitsaufträgen und fördern dadurch ihre Selbst- und Sozialkompetenz.

1.2) Feinziele

Lernziel im Bereich der Sachkompetenz

(1) Die Schüler sind am Ende der Stunde in der Lage, ihre neu erlangten Kenntnisse zur Topographie Südostasiens wiederzugeben, indem sie mithilfe der erstellten Schatzroute den Satz *In meiner Schatzkammer habe ich gespeichert, dass...*mit mindestens einer Information zu den Ländern, Hauptstädten, Landschaften oder Flüssen Südostasiens mündlich vervollständigen.

Lernziel im Bereich der Methodenkompetenz

(2) Die Schüler können ihre Kenntnisse zum Umgang mit dem Atlas sowie dem Kartenmaterial weitestgehend selbstständig anwenden, indem sie in angeleiteter Gruppenarbeit den vorliegenden Materialien mithilfe des gestellten Spezialauftrages inhaltlich richtige Informationen zur Topographie Südostasiens entnehmen und die einzelnen Etappen in Form einer individuellen Schatzroute auf dem Arbeitsblatt sauber und ordentlich eintragen.

---

[1] Aus sprachökonomischen Gründen werden die Bezeichnungen Schüler, Heranwachsende und Lernende für beide Geschlechter verwendet.

[2] Vgl. Thüringer Kultusministerium (Hrsg.): Lehrplan für die Regelschule und die Förderschule mit dem Bildungsgang der Regelschule Geographie. Erfurt 1999. S. 32 ff.

Lernziel im Bereich der Sozialkompetenz

(3) Die Schüler übernehmen zunehmend Verantwortung für ihren Lernprozess, indem sie ihre Fertigkeiten weiterentwickeln, Arbeitsprozesse in angeleiteter Gruppenarbeit und unter Berücksichtigung des Spezialauftrages gemeinsam zu planen und mithilfe der vorliegenden Materialien im Team umzusetzen.

(4) Die Schüler entwickeln ihre Fähigkeiten weiter, die erstellte Schatzroute einer anderen Gruppe anzuerkennen und deren inhaltliche Richtigkeit in angeleiteter Gruppenarbeit mithilfe der Vorgaben zur Erstellung der Schatzroute gründlich und korrekt zu prüfen.

Lernziele im Bereich der Selbstkompetenz

(5) Die Schüler sind zunehmend in der Lage, ihre individuellen Aufgaben als Team-Manager, Checker, Lautstärke-Chef und/ oder Zeitwächter innerhalb der Agententeams zu akzeptieren und diese mithilfe der entsprechenden Gruppenkarte weitestgehend selbstständig und kontinuierlich zu verfolgen.

2) Situation der Lerngruppe

2.1) Allgemeine Situation der Lerngruppe

2.1.1) Entwicklungs- und lernpsychologische Voraussetzungen

Die Lerngruppe befindet sich zwischen dem 12. und 13. Lebensjahr. Entwicklungspsychologisch und -physiologisch sind sie demnach in den fortgeschrittenen Bereich der Phase der frühen Adoleszenz einzuordnen[3]. In diesem Lebensabschnitt vollzieht sich für die Heranwachsenden ein bedeutender körperlicher, kognitiver und psychosozialer Reifeprozess[4]. Im Hinblick auf die physische Entwicklung spricht Zimbardo von einem „präadoleszenten Wachstumsspurt"[5]. Dabei bezieht er sich auf die Veränderung der Körpergröße, des Gewichtes sowie der Ausprägung der Geschlechtsmerkmale der Jugendlichen. Bei den Schülern der Klasse 7b lässt sich dahingehend ein sichtbarer Entwicklungsprozess konstatieren. Einige Jungen sowie Mädchen sind in den letzten Monaten sichtbar gewachsen. Dies ist vorrangig bei D, A, K, R und I nachzuvollziehen. Ausnahmen bilden V, B

---

[3] Vgl. Mietzel, Gerd: Wege in die Psychologie. 12. Auflage, Stuttgart 2005. S. 108.
[4] Vgl. Zimbardo, Philip G.: Psychologie. 4. neubearbeitete Auflage. Berlin/ Heidelberg 1983. S. 147.
[5] Zimbardo. S. 147.

sowie S. Vor allem bei den weiblichen Heranwachsenden sind allmählich die Geschlechtsmerkmale in differenzierter Ausprägung zu erkennen. Hierbei sind A, D, J, C und P weiterentwickelt als M und H.

Daneben ist eine kognitive Entwicklung bei den Lernenden zu verzeichnen. Sie wenden zunehmend ihre Kenntnisse und Erfahrungen an, um Vorgänge und Tatsachen strukturiert zu realisieren. In diesem Zusammenhang festigen sie ihre motorischen und kreativen Fertigkeiten im Umgang mit Medien und Materialen, setzen eigene Begabungen um und fördern ihre Konzentrationsfähigkeit. Sie entwickeln im Arbeitsprozess ein individuelles Zeitmanagement, welches an die organisatorischen Rahmenbedingungen des Lernortes angepasst ist. Darüber hinaus betrachten sie eigene Defizite und Konflikte unter verschiedenen Blickpunkten und versuchen nachhaltige Lösungen zu finden[6]. Ferner entwickeln sie sukzessive ein Bewusstsein für die Bedeutung von Lerninhalten. Im Allgemeinen kann festgehalten werden, dass die gesamte Lerngruppe die „formal-operationale Phase"[7] erreicht hat. Sie verfügen über eine altersspezifische kognitive Reife[8]. Ungeachtet dessen ist darauf hinzuweisen, dass eine geschlechterspezifische Differenzierung wahrnehmbar ist. Die Mädchen sind geistig weiterentwickelt als die meisten Jungen. Demnach bewegen sich M, D, A, J, C, P und H sowie K, R, E und G auf die Jugendphase zu.

2.1.2) Sozial-kulturelle Voraussetzungen

Die Schüler der Klasse 7b kommen aus dem Einzugsgebiet der Schule. Im Hinblick auf die sozialen Hintergründe herrscht eine starke Divergenz in der Klasse. Zwar stammen die Schüler überwiegend aus gut bis sehr gut situierten Familien, hingegen gibt es Lernende, deren Eltern aufgrund von Arbeitslosigkeit finanzielle Nöte aufweisen. Bezüglich der familiären Bedingungen der Schüler sind ebenfalls Unterschiede festzustellen. Der Großteil der Klasse wächst in intakten Familienverhältnissen auf. Daneben leben drei Schüler in Patchworkfamilien und sieben bei nur einem Elternteil. Alle Schüler der Lerngruppe sind in Deutschland geboren. Zwei Lernende, F und Yessin, haben jeweils ein Elternteil, das einer anderen Nationalität angehört. Dies ist jedoch ausschließlich am Aussehen der Schüler zu erkennen (z. B. dunklere Hautfarbe).

---

[6] Vgl. Zimbardo. S. 147.
[7] Ebd.
[8] Vgl. Ebd.

Es zu beobachten, dass die meisten Eltern sehr aktiv mit den Klassenlehrern zusammenarbeiten, sodass eine effektive Entwicklungsmöglichkeit für den Heranwachsenden auf kognitiver und psychischer Ebene geschaffen werden kann.

2.1.3) Sozial-kommunikative Voraussetzungen

Die Heranwachsenden der Klasse 7b sind nett, aufgeschlossen und kreativ. Dies sorgt im Allgemeinen für eine angenehme Atmosphäre im Unterricht und in den Pausen. Dazu trägt das familiäre Lehrer-Schüler-Verhältnis bei. Frau Block, Herr Rüdiger und ich pflegen eine enge Bindung zu den Lernenden. Die angenehme Atmosphäre und der Zusammenhalt in der Klasse werden zeitweise durch einen forschen Umgangston vor allem unter den Jungen geblendet. Die Mädchen dagegen suchen bei auftretenden Problemen im Freundeskreis oft Rat bei den Klassenlehrern und erzielen somit eine ruhige und gewaltfreie Lösung. Der Geschlechterkampf zwischen den Mädchen und Jungen, der in Klassenstufe 6 zu beobachten war, ist nicht mehr vorzufinden. Jedoch ist bezüglich der Gruppendynamik eine weitgehend deutliche Geschlechtertrennung zu erkennen. Alle Mädchen pflegen zunehmend eine freundschaftliche Beziehung untereinander und unternehmen auch privat viel zusammen. M, die zu Beginn des Schuljahres 2011/ 2012 aufgrund der auffälligen Suche nach Aufmerksamkeit eine schwierige Position in der Mädchengruppe einnahm, fand den Kontakt zu ihren Mitschülerinnen wieder. Bei den Jungen lässt sich eine größere Gruppe erkennen, der T, K, R, N, B, E, L, Q, U und Yessin angehören. Eine kleine Jungengruppe setzt sich aus S, G, V und O zusammen. Neben der Interaktion der Lernenden in den geschlechtsspezifischen Gruppen kann man freundschaftliche Verbindungen über diese hinaus beispielsweise bei A, D, Yessin, K und R nachvollziehen. Die soziale Entwicklung von U, die zu Beginn des Schuljahres bezüglich seines ruhigen Verhaltens und seiner konzentrierten Mitarbeit im Unterricht positiv hervorgehoben wurde, ist temporär rückschrittig. Er neigt wieder dazu, sich von Mitschülern, wie L, im Unterricht ablenken zu lassen. Zudem ist er bei handgreiflichen Auseinandersetzungen mit anderen Jungen beteiligt. Gespräche mit den Klassenlehrern, Eltern und ihm sowie Maßnahmen in Form des Sitzplanwechsels und der individuellen Zuwendung sollen den Jungen dabei unterstützen, wieder an seine bislang entwickelten sozialen Fertigkeiten anzuknüpfen und diese zu fördern. T integriert sich zurzeit angemessen in das Klassengefüge. Er bemüht sich, regelmäßig den Unterricht zu besuchen. Dadurch hat er eine recht konstante Verbindung zu seinen Mitschülern.

Ungeachtet dessen hält die Sozialarbeiterin der Schule den Kontakt zum Elternhaus aufrecht, um die positive Entwicklung des Jungen zu festigen und voranzutreiben. Grundsätzlich sind die Heranwachsenden der Klasse 7b lernwillig. Das ist anhand folgender Faktoren ersichtlich. Sie akzeptieren die Rituale des Unterrichtsbeginns durch ein verbales Zeichen der Lehrerin und halten dieses ein. Daneben sind ihnen die Regeln zur Art und Weise des Meldens, für die Arbeitsweise in Formen des offenen Unterrichts sowie die Verhaltensregeln bekannt, welche sie versuchen zu beachten[9]. Momentan ist es im Allgemeinen selten notwendig, verbale Impulse zur Einhaltung der Lautstärkeregel im Bereich des Verhaltens zu geben. Schüler, wie P, J, K, R, Q, L und U tendieren jedoch dazu, während des Unterrichts des Öfteren mit ihren Banknachbarn oder Tischnachbarn private Gespräche zu führen. Diese Beobachtung ist unter anderem auf den aktuellen psychologischen Entwicklungsstand der Heranwachsenden zurückzuführen. Jedoch nehmen die meisten die Aufforderungen zur Beachtung des angenehmen Arbeitsklimas stets an und richten ihr Handeln daran aus. Die Anzahl der verhaltensauffälligen Schüler beschränkt sich auf N, L und Q. Sie offerieren vorrangig in den Stunden der Freiarbeit und in Abhängigkeit ihrer Stimmung die mangelnde Bereitschaft, sich den entsprechenden Aufträgen zu widmen. Dann ziehen sie es vor, private Gespräche zu führen oder zu träumen. Qs fehlende Konzentrationsfähigkeit liegt in seinem diagnostizierten ADS begründet. Er bemüht sich, kontinuierlich an seinen Aufgaben zu arbeiten, lässt sich jedoch schnell von Mitschülern ablenken. N benötigt meist einen arbeitswilligen Mitschüler, der ihn zum Arbeiten animiert. Durch individuelle Zuwendung und Absprachen oder Ermahnung können vor allem N und Q beruhigt und zur Weiterarbeit an ihren Aufgaben motiviert werden. Die zeitweise mangelnde Lerneinstellung von L wird noch immer medizinisch untersucht. Es fällt ihm sichtlich schwer, sich trotz der Unterstützung durch die Lehrerin mit einem Auftrag über einen längeren Zeitraum auseinanderzusetzen.

Freitags wird im Fach Ethik/ Reflexion das Verhalten des Einzelnen sowie aufgetretene Probleme der vergangenen Woche kritisch betrachtet. Die Lernenden sind in der Lage, ihre Meinung zu äußern und zu begründen. Sie schätzen sich und ihre Mitschüler meist gerecht ein. Bestehende Konflikte versuchen sie im Kollektiv zu lösen und nehmen dahingehend die zur Verfügung stehende Unterstützung von Frau Block, Herrn Rüdiger und mir in

---

[9] Die Lernenden sind mit offenen Unterrichtsmethoden, wie zum Beispiel Freiarbeit, Lerntheke, Stationenlernen oder Galeriespaziergang, vertraut.

Anspruch. Vor allem D, A, F, K, R, Q, E, L und U beteiligen sich aktiv an Diskussionen. Neben den Aspekten im Bereich des Verhaltens kennzeichnet sich die Klasse 7b zudem durch ihre Kreativität. Sie beschäftigen sich gern in Partner- oder Gruppenarbeit mit verschiedenen Themen. Dabei nutzen sie Aufgabenstellungen, die verschiedene Lösungswege bereithalten, für sich, um ihre eigenen Ideen einzubringen.

2.2) Äußere Lernbedingungen

Der Klassenraum der 7b befindet sich im Erdgeschoss. Die lange Fensterfront zeigt frontal auf die stark befahrene Schillerstraße. Auf der gegenüberliegenden Straßenseite steht eine Kirche, die zu jeder vollen Stunde ein Glockenspiel erklingen lässt. Das Öffnen des Fensters ist dadurch mit einem erhöhten Geräuschpegel verbunden, der in Arbeitsphasen oder Unterrichtsgesprächen einen Störfaktor darstellt.

Für die vorliegende Unterrichtsstunde werden ein Beamer, ein Laptop sowie Lautsprecher benötigt. Diese Geräte sind im Raum nicht fest installiert. Eine Befestigungsvorrichtung dafür ist ebenso nicht vorhanden. Aus diesen Gründen werden die Geräte provisorisch auf einer Schulbank in der Mitte des Raumes aufgestellt und der Beamer mithilfe von Schulbüchern höhenspezifisch ausgerichtet.

Um den Raum für die praktische Prüfung vorbereiten zu können, wechseln die Schüler in der vorangehenden Stunde den Unterrichtsort. Zudem muss für die Umsetzung der geplanten Unterrichtssituation der Stundenplan der Klasse 7b aus organisatorischen Gründen verändert werden. Demzufolge haben die Heranwachsenden anstatt Englisch das Fach Geographie in der dritten Stunde. Es ist möglich, dass sich diese Besonderheit negativ auf das Verhalten einzelner Schüler, wie Q und L, auswirkt.

2.3) Eigene Lehrsituation

Ich unterrichte die Lerngruppe seit Oktober 2010 in den Fächern Deutsch und Geographie. In diesem Schuljahr habe ich die Klassenlehrertätigkeit übernommen und leite daher die Stunden Lernen lernen sowie Ethik/ Reflexion eigenverantwortlich oder im Tandemunterricht mit Frau Block, der stellvertretenden Klassenlehrerin. Demgemäß verbringe ich wöchentlich sieben Unterrichtsstunden mit den Heranwachsenden, wodurch sich im Laufe der Zeit ein sehr angenehmes Lehrer-Schüler-Verhältnis entwickelte und festigte. Exemplarisch hierfür steht der freundliche, lockere und dennoch respektvolle Umgang zwischen den Schülern und mir, der sich in vielen Gesprächen in den Pausen verdeutlicht. Ferner werde ich des Öfteren von den Mädchen als Vertrauensperson wahrgenommen, indem sie mir Geheimnisse anvertrauen oder mich bei Problemen ansprechen und um Rat bitten. Ich konnte meine Rolle und Funktion innerhalb der Klasse weiterhin stabilisieren und aufgrund der Klassenleitertätigkeit erweitern. Zusammenfassend kann ich sagen, dass ich mich sehr wohl in der Klasse fühle.

In der geplanten Unterrichtssituation schlagen sich zwei persönliche Schwerpunkte meiner Ausbildung nieder. Zum Einen möchte ich weiterhin daran arbeiten, mich durch den Einsatz geöffneter und offener Unterrichtsformen zunehmend aus dem Unterrichtsgeschehen zurückzuziehen und lediglich als Lernbegleiter und -berater zu fungieren. In diesem Zusammenhang erziele ich es zum Anderen, das Bewusstsein der Schüler füreinander weiterzuentwickeln, indem sie lernen, einen Auftrag im Team zu durchdenken, zu planen und gemeinsam umzusetzen.

3) Didaktische Überlegungen und methodisches Herangehen

3.1) Einordnung der geplanten Unterrichtssituation in die Stoffeinheit

Datum	Thema	Inhaltliche Schwerpunkte
16.02.12	**Schatzrallye durch Südostasien** **(Prüfungslehrprobe)**	• Topographie → Orientieren im Raum → Umgang mit dem Atlas → Gruppenarbeit
23.03.12	Alles bunt gemischt	• kulturelle und religiöse Vielfalt in Südostasien → Chancen und Risiken
01.03.12	Das weiße Gold	• Ich öffne meine Schatzkammer (mündliche LK) • Kulturpflanze Reis • Reisanbau
08.03.12	Das grüne Paradies ist in Gefahr	• Ich öffne meine Schatzkammer (schriftliche LK) • Raubbau am Regenwald → wirtschaftlicher Nutzen und ökologische Auswirkungen der Rodung
15.03.12	Die Tiger sind los	• Ich öffne meine Schatzkammer (mündliche LK) • alte vs. neue Tigerstaaten • wirtschaftliche Dynamik am Beispiel von Thailand → Tourismus

3.2) Einbettung der geplanten Unterrichtssituation

<u>Ziele der geplanten Stunde</u>

siehe Kapitel 1) S. 1.

<u>Ziele der nachfolgenden Stunde</u>

Lernziel im Bereich der Sachkompetenz
Die Schüler können ihre erlangten Kenntnisse aus der vorhergehenden Stunde zur Topographie Südostasiens abrufen und Aussagen zur Topographie Südostasiens in Form der Ampelkärtchenmethode nach ihrer inhaltlichen Richtigkeit bewerten, indem sie für eine wahre Aussage die grüne Karte und für eine falsche Aussage die rote Karte für die Lehrerin sichtbar nach oben zeigen.

Die Schüler sind am Ende der Stunde in der Lage, die Bedeutung des Stundenthemas *Alles bunt gemischt* mithilfe der Aufzeichnungen im Hefter zur kulturellen Vielfalt Südostasiens mit eigenen Worten mündlich zu erklären.

Lernziel im Bereich der Methodenkompetenz
Die Schüler sind in der Lage, das ihnen bekannte Wissen zur Beschreibung und Auswertung eines Diagrammes anzuwenden, indem sie ein Diagramm zur Bevölkerungszusammensetzung in den Ländern Südostasiens mithilfe der Lehrerin in vollständigen Sätzen inhaltlich richtig beschreiben und auswerten.

Lernziel im Bereich der Sozialkompetenz
Die Schüler übernehmen zunehmend Verantwortung für ihren Lernprozess, indem sie ihre Fertigkeiten weiterentwickeln, Arbeitsprozesse in angeleiteter Partnerarbeit und unter Berücksichtigung der Aufgabenstellung gemeinsam zu planen und mithilfe der Informationen im Lehrbuch umzusetzen.

Lernziel im Bereich der Selbstkompetenz
Die Schüler sind zunehmend imstande, das Tafelbild selbstständig in einer übersichtlichen und sauberen Form in den Hefter zu übertragen.

3.3) Sach-Struktur-Diagramm[10]

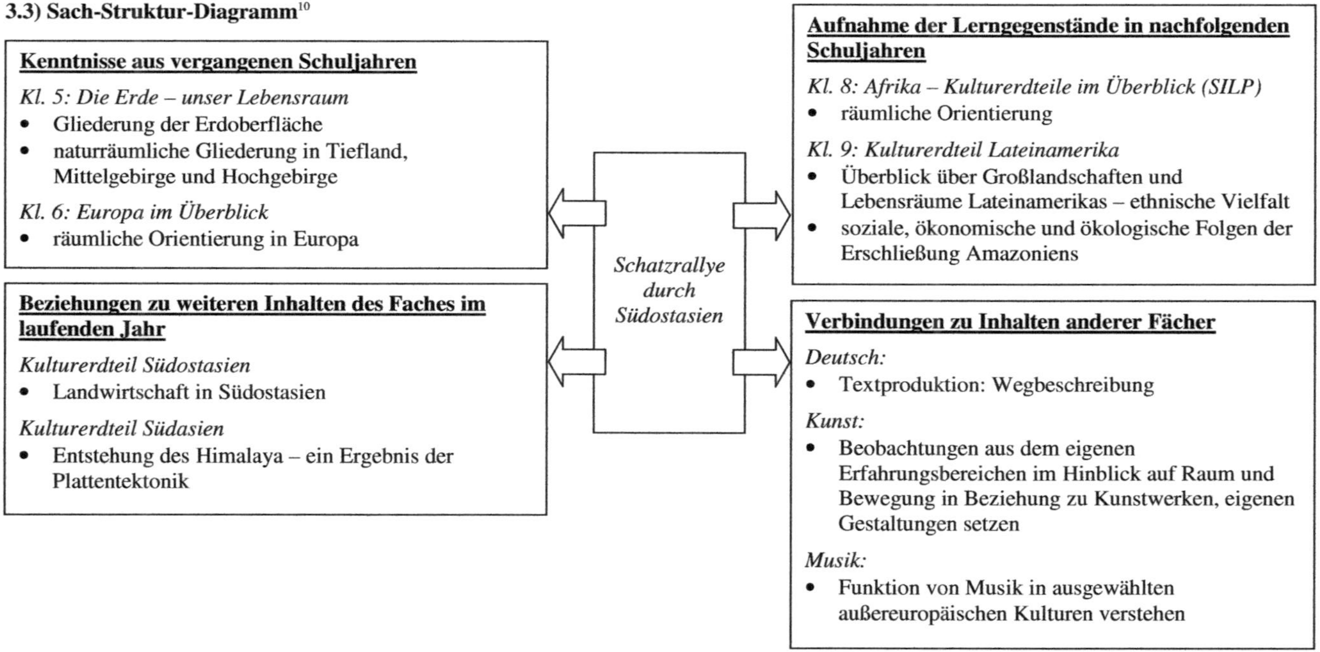

Kenntnisse aus vergangenen Schuljahren

Kl. 5: Die Erde – unser Lebensraum
- Gliederung der Erdoberfläche
- naturräumliche Gliederung in Tiefland, Mittelgebirge und Hochgebirge

Kl. 6: Europa im Überblick
- räumliche Orientierung in Europa

Beziehungen zu weiteren Inhalten des Faches im laufenden Jahr

Kulturerdteil Südostasien
- Landwirtschaft in Südostasien

Kulturerdteil Südasien
- Entstehung des Himalaya – ein Ergebnis der Plattentektonik

Schatzrallye durch Südostasien

Aufnahme der Lerngegenstände in nachfolgenden Schuljahren

Kl. 8: Afrika – Kulturerdteile im Überblick (SILP)
- räumliche Orientierung

Kl. 9: Kulturerdteil Lateinamerika
- Überblick über Großlandschaften und Lebensräume Lateinamerikas – ethnische Vielfalt
- soziale, ökonomische und ökologische Folgen der Erschließung Amazoniens

Verbindungen zu Inhalten anderer Fächer

Deutsch:
- Textproduktion: Wegbeschreibung

Kunst:
- Beobachtungen aus dem eigenen Erfahrungsbereichen im Hinblick auf Raum und Bewegung in Beziehung zu Kunstwerken, eigenen Gestaltungen setzen

Musik:
- Funktion von Musik in ausgewählten außereuropäischen Kulturen verstehen

---

[10] Es ist hierbei zu erwähnen, dass genannte, inhaltliche Schwerpunkte exemplarisch gelten. Vgl. Thüringer Ministerium für Bildung Wissenschaft und Kultur (Hrsg.): Lehrplan für den Erwerb des Haupt- und Realschulabschlusses Deutsch. Erfurt 2011. S. 33, Vgl. Thüringer Kultusministerium (Hrsg.): Lehrplan Geographie. Erfurt 1999. S. 15ff, Vgl. Thüringer Ministerium für Bildung Wissenschaft und Kultur (Hrsg.): Lehrplan für den Erwerb des Haupt- und Realschulabschlusses Kunst Entwurfsfassung. Erfurt 2011. S. 21, Vgl. Thüringer Ministerium für Bildung Wissenschaft und Kultur (Hrsg.): Lehrplan für den Erwerb des Haupt- und Realschulabschlusses Musik Entwurfsfassung. Erfurt 2011. S. 21.

3.4) Sachanalyse

In der Schule besteht ein schulinterner Lehrplan (SILP), der neben dem Lehrplan für Geographie[11] seine Berechtigung in diesem Fach findet. Ein gemeinsamer Beschluss innerhalb des Teams der Klassenstufe 7 sowie die Berücksichtigung des jahrgangsübergreifenden Unterrichts führten dazu, einen Thementausch vorzunehmen. Demzufolge wird in Klasse 7 im Fach Geographie das Stoffgebiet Asien behandelt während in dem darauf folgenden Schuljahr das Themengebiet Afrika im Fokus des Unterrichts steht.

Das Fach Geographie verfügt über eine konstitutive Bedeutung, da es gesellschaftliche, naturwissenschaftliche sowie historische Lerninhalte verknüpft. Basierend darauf nehmen die Wechselbeziehungen zwischen Mensch und Natur eine zentrale Stellung ein. Um Kulturen, Völker sowie wirtschaftliche Aspekte nachvollziehen zu können, bedarf es der Kenntnis über den Raum, in dem man sich bewegt[12]. Dahingehend gibt die Topographie als Teilgebiet der Geodäsie einen Aufschluss über die physische Beschaffenheit der Erdoberfläche. Ferner impliziert sie die Bedeckung des Geländes in Form natürlicher und anthropogener Einflüsse[13].

Unter Berücksichtigung der Topographie weist Südostasien eine große Vielfalt auf. Der Raum setzt sich aus 10 Ländern zusammen. Myanmar (Birma), Thailand, Laos, Vietnam und Kambodscha nehmen einen Bereich auf der großen, zusammenhängenden Festlandfläche des asiatischen Kontinents ein. Brunei kennzeichnet sich als Staat auf einer Insel, Malaysia als geteiltes Land sowohl auf einer Halbinsel als auch auf einer Insel und Singapur als Insel sowie Stadtstaat. Indonesien und die Philippinen sind Inselformationen. Vergleicht man die Größe der Hauptstädte südostasiatischer Staaten bezüglich des geographischen Aspektes der Einwohnerzahl, ist ein sehr differentes Bild zu beobachten. Jakarta (Indonesien) ist mit rund 8,6 Millionen Einwohnern die größte Hauptstadt des südostasiatischen Raumes. Ihr folgen Bangkok (Thailand) mit ca. 6,9 Millionen Menschen und Hanoi (Vietnam) mit ungefähr 3,1 Millionen Bewohnern. Eine Bevölkerungszahl von

---

[11] Vgl. Thüringer Kultusministerium (Hrsg.): Lehrplan Geographie. Erfurt 1999. S. 32 ff.

[12] Vgl. Thüringer Kultusministerium (Hrsg.): Lehrplan für Geographie. S. 7. Die folgenden Ausführungen beziehen sich vorrangig auf nachstehende Literatur und Internetquellen: Knippert, Ulrich (Konzeption und Bearbeitung): SchulAtlas Alexander. Gotha/ Stuttgart 2002. S. 77 ff, http://www.laender-lexikon.de/Asien_Länder_A-Z (04. Februar 2012) sowie www.reiseweltatlas.de (04. Februar 2012).

[13] Vgl. Geographisch-Kartographisches Institut Meyer (Hrsg.): Schülerduden. Die Geographie. Mannheim 1978. S. 334 f.

ca. 33000 verzeichnet Bandar Seri Begawan (Brunei). Somit ist sie die kleinste Hauptstadt der Staaten Südostasiens[14].

Südostasien wird vom Pazifischen, Indischen Ozean und zahlreichen Nebenmeeren eingeschlossen. Exemplarisch hierfür gelten für den Pazifik das Südchinesische Meer, die Sulusee, die Celebessee und die Javasee. Der Indische Ozean weist beispielsweise den Golf von Bengalen, Golf von Martaban sowie die Andamanensee als Randmeere auf. Große Flüsse, wie der Irawadi und Saluën in Myanmar, münden in den Golf von Martaban. Der Mekong, welcher die Staaten Laos, Kambodscha und Vietnam durchkreuzt, fließt in das Südchinesische Meer. Im Hinblick auf die Gliederung der Festlandbereiche in Großlandschaften ist für das Tiefland die Mekongebene zu nennen. Mittelgebirge erstrecken sich beispielsweise in den südwestlichen und südlichen Regionen Kambodschas. Das Kardamomgebirge weist Berggipfel auf, die über 1700 Meter hoch sind. Südlich davon befindet sich das Elefantengebirge mit einer Höhe bis zu 1100 Meter. Das Arakangebirge mit einer durchschnittlichen Höhe von 3000 Meter in Myanmar sowie das Maokegebirge mit über 4000 Meter Höhe in Indonesien ordnet man den Hochgebirgen zu. Darüber hinaus bestehen reliefarme Hochebenen, wie das Schanplateau in Myanmar oder das Koratplateau in Thailand[15].

Plattentektonische Prozesse beeinflussen die Topographie Südostasiens in hohem Maße. Entlang der Indonesischen Inseln befindet sich eine Subduktionszone, die auf das Abtauchen der Indisch-Australischen Platte unter die Chinesische Platte zurückzuführen ist. Folglich führt die zu einer Anhebung Indonesiens. Ähnliche Auswirkungen aufgrund der Konvergenz von Platten sind bei den Philippinen zu konstatieren. In diesem Bereich sinkt die Philippinische unter die Chinesische Platte. Da sich diese Inselketten unmittelbar an einer Plattengrenze befinden, sind diese Gebiete von Erd- und Seebeben sowie der Aktivität zahlreicher Vulkane geprägt. Der Gürtel aus Vulkanen und Beben, welcher sich entlang der südlichen Küsten Indonesiens zieht, wird als Banda-Bogen bezeichnet[16]. Gemeinsam mit dem Band aus Vulkanen und Beben im Bereich der Philippinischen Inseln gehört der Banda-Bogen zum Pazifischen Feuergürtel.

---

[14] Vgl. www.reiseweltatlas.de (04. Februar 2012).
[15] Vgl. Knippert. S. 77 ff, Vgl. http://www.laender-lexikon.de/Asien_Länder_A-Z (04. Februar 2012).
[16] Vgl. http://www.welt.de/wissenschaft/umwelt/article8656912/Abtauchende-Erdkruste-erzeugt-Spannungen.html (04. Februar 2012).

3.5) Didaktische Reduktion

Der Umgang mit dem Atlas sowie die Auseinandersetzung mit Kartenmaterial wird bereits in den Klassenstufen 5 und 6 vermittelt. In diesem Kontext erlernen die Heranwachsenden das Unterscheiden zwischen kontinentalem Kerngebiet, Halbinsel und Insel, das Herausarbeiten der Hauptstädte von Staaten und anderer Orte, den Verlauf von Flüssen von der Quelle zur Mündung sowie das Differenzieren von Großlandschaften hinsichtlich ihrer Höhenlage[17]. Diese Kenntnisse bilden die Grundlage der Methodenkompetenz im Geographieunterricht und nehmen eine essentielle Stellung darin ein. Um sich intensiv mit einer geographischen Thematik auseinandersetzen zu können, muss ein räumlicher Bezug dazu hergestellt werden. Durch die gezielte Beschäftigung mit der Topographie einer Großregion können sich die Heranwachsenden besser im Raum orientieren und das betreffende Gebiet auf der Welt eingrenzen.

Bei der geplanten Unterrichtssituation handelt es sich um eine Einführungsstunde zur Stoffeinheit *Die Schätze Südostasiens*. Hierbei geht es zunächst darum, einen Zugang zur Thematik zu schaffen, indem die Heranwachsenden einen topographischen Überblick über das Gebiet Südostasien erlangen. Demzufolge sollen sie am Ende der Stunde in der Lage sein, mindestens eine Information zu den Ländern, Hauptstädten, Landschaften oder Flüssen Südostasiens mündlich wiederzugeben (Lernziel 1). Dazu erarbeiten sie mithilfe des Spezialauftrages sowie ihrer bestehenden Kenntnisse zum Umgang mit dem Atlas und dem Kartenmaterial gruppenweise eine individuelle Schatzroute (Lernziel 2). Während die Teams ihre erstellten Schatzrouten gegenseitig gründlich und korrekt kontrollieren, festigen sie einerseits den Umgang mit dem Atlas sowie dem Kartenmaterial, fördern des Weiteren ihr Wissen zur Topographie Südostasiens und schulen andererseits ihre Fertigkeiten, die Arbeitsergebnisse anderer Gruppen anzuerkennen (Lernziel 4). Die Arbeit in selbst- und fremdbestimmten Gruppen trägt dabei zur Weiterentwicklung der Fertigkeiten der Schüler bei, den Arbeitsprozess innerhalb der Agententeams gemeinsam zu organisieren und unter Berücksichtigung der bereitliegenden Materialien zusammen umzusetzen (Lernziel 3). Im Besonderen schulen sie ihre individuellen Fähigkeiten und Fertigkeiten, indem sie ihre spezifischen Aufgaben als Team-Manager, Checker, Lautstärke-Chef und/ oder Zeitwächter innerhalb der Gruppe akzeptieren und diesen weitestgehend selbstständig und kontinuierlich nachgehen (Lernziel 5).

---

[17] Vgl. Czekalia, Dieter; Werner, Steffen (Hrsg.): Terra. Geographie 5/6. Gotha 2005. S. 14 f, 28 f sowie S. 190 f.

3.6) Didaktische Überlegungen und methodische Entscheidungen

In Form einer Gruppenarbeit begeben sich die Lernenden auf eine *Schatzrallye durch Südostasien*. Im Allgemeinen geht es darum, dass sich die Lerngruppe, geteilt in sechs Agententeams, gedanklich nach Südostasien begibt und jeweils eine Schatztruhe durch diesen Teil Asiens transportiert. Dabei ist es bedeutend, Vorgaben, die im Spezialauftrag zu finden sind, einzuhalten, um an Ende der Rallye die Truhe öffnen und den Schatz durchstöbern zu können.

Da es in der Schule kein allgemeines Signal zum Stundeneinstieg und -abschluss gibt, wird der Unterrichtsbeginn mit einem verbalen Hinweis durch die Lehrerin angekündigt. Zunächst erfolgt die Begrüßung zwischen den Lernenden und mir. Dabei sitzen die Heranwachsenden aufrecht und ruhig in den von ihnen und mir festgelegten Spezialteams. Aufgrund der außerplanmäßigen Durchführung der vorliegenden Unterrichtssituation sowie der ungewohnten Sitzordnung in den Teams, besteht die Möglichkeit, dass sich einzelne Schüler zum Unterrichtsbeginn nicht an ihrem Platz befinden oder eine allgemeine Unruhe im Klassenraum herrscht. Verbale Hinweise meinerseits sollen die Lerngruppe dann beruhigen, sodass der Unterricht begonnen werden kann.

Im Anschluss an die Begrüßung leite ich zur Phase der Motivierung und Zielstellung über. Um die Neugier der Schüler für das Stundenthema zu erzeugen, wähle ich die Methode des Features[18]. Mit der Entscheidung themenbezogene Bilder und Schriftzüge zu zeigen sowie geeignete Musik vorzuspielen soll das Interesse der Heranwachsenden geweckt werden, sich intensiv mit dem Thema auseinanderzusetzen. Da sich Lernende, wie Q, L und U, gern durch verschiedene Einflüsse vom Unterrichtsgeschehen ablenken lassen, nutze ich für die Durchführung des Features eine Powerpointpräsentation und sehe von der lehreraktiven Umsetzung dieser Methode via Overheadprojektor und Folien ab. Um die Aufmerksamkeit der Schüler zudem für die Bilder- und Schriftfolge zu gewährleisten, erhalten sie den Auftrag, diese aufmerksam zu verfolgen und zu versuchen, dadurch das Thema der Stunde herauszufinden. Die Aufgabe liest N laut und deutlich vor, da es ihm schwerfällt, sich kontinuierlich im Unterricht zu konzentrieren. Durch diese aktive Einbindung des Jungen in einzelne Unterrichtsphasen, unterstütze ich ihn dabei, dem Unterricht aufmerksam zu folgen.

---

[18] Siehe beiliegende CD.

Im anschließenden Unterrichtsgespräch nennen die Schüler ihre gesammelten Eindrücke und formulieren bei Bedarf mithilfe von Impulsen der Lehrerin das Thema der Stunde. Nach der Feststellung dessen erkläre ich in Form des Lehrervortrages unter Zuzug einer Powerpointpräsentation den Verlauf sowie die Zielstellung der Stunde. Zudem beantworte ich eventuell auftretende Fragen seitens der Schüler. Die Powerpointpräsentation dient der Visualisierung des Unterrichtsverlaufes und ermöglicht es den Heranwachsenden, den Erklärungen besser folgen zu können.

Der Anspruch des Beobachtungsauftrages und Lehrervortrages liegt im aktiven Zuschauen und Zuhören. Zwar erfordern das Feature sowie die Erklärung zum Verlauf und zur Zielstellung der Stunde nur wenige Minuten eine hohe Aufmerksamkeit, dennoch kann dabei eine Unruhe bei Schülern, wie Q, L und U aufgrund mangelnder Konzentrationsfähigkeit auftreten. Diese äußert sich temporär in Form von verbaler Kontaktaufnahme untereinander. In diesem Fall verweise ich die störenden Schüler auf die ihnen bekannten Verhaltensregeln während der Einzelarbeit beziehungsweise eines Vortrages.

In der Erarbeitungsphase beschäftigen sich die Agententeams mit dem Spezialauftrag zur Topographie Südostasiens und erstellen eine individuelle Schatzroute durch Südostasien. Diese stellen sie auf einem vorgefertigten A3-Arbeitsblatt sauber und ordentlich dar[19]. Unter Beachtung des eingeschränkten Zeitrahmens werden die Lernenden bereits vor Beginn der Unterrichtsstunde durch Platzkärtchen in die Teams eingeteilt[20]. Bei der Gruppeneinteilung orientiere ich mich zum Einen an den Aussagen der Schüler. Unter dem Thema *So lerne ich konzentriert und effektiv* im Fach Lernen lernen hatten sie die Möglichkeit, Mitschüler zu benennen, mit denen sie gut lernen und arbeiten können. Zum Anderen beziehe ich in die Festlegung der Agententeams meine Beobachtungen zur Zusammenarbeit zwischen den Heranwachsenden aus den vergangenen Unterrichtsstunden ein, in denen offene Lernformen umgesetzt wurden. Durch das Mitbestimmungsrecht der Lernenden sichere ich einen reibungslosen Verlauf der Gruppenarbeit sowie die motivierte Bearbeitung des Auftrages. Des Weiteren berücksichtige ich die Leistungsfähigkeit des Einzelnen, sodass sich jedes Team sowohl aus Leistungsstarken als auch -schwächeren zusammensetzt. Zur individuellen Förderung der Sozial- und Selbstkompetenz des Einzelnen erhalten die Mitglieder innerhalb der Gruppe eine besondere Funktion als

---

[19] Siehe Kapitel 5.3.3) S. 29.
[20] Siehe Kapitel 5.1) S. 23.

Checker, Lautstärke-Chef, Team-Manager oder Zeitwächter[21]. Es ergibt sich folgende Verteilung:

Agententeams	Gruppenmitglieder			
	Checker	Lautstärke-Chef	Team-Manager	Zeitwächter
1	A		K	Q
2	B		L	R
3	C	G	M	S
4	D	H	N	T
5	E	I	O	U
6	F	J	P	V

Um die leistungsspezifische und kreative Heterogenität der Schüler in den Teams zu berücksichtigen, folgt der Spezialauftrag im weiteren Sinne dem Prinzip der Differenzierung nach dem Ergebnis[22]. Im Speziellen bedeutet das, dass jede Gruppe denselben Spezialauftrag sowie ein einheitliches Materialangebot erhält[23]. Wie sie den Weg zur Bewältigung der Aufgabe beschreiten, ist ihnen freigestellt. Demzufolge ist das Arbeitsergebnis in Form einer Schatzroute zwar durch den Spezialauftrag vorgegeben, jedoch verfügen die Heranwachsenden über eine weitestgehend freie Entscheidung der inhaltlichen Gestaltung dieser Route. Dies ermöglicht leistungsstarken sowie -schwächeren Schülern eigene Ideen und Vorstellungen in die Bearbeitung des Auftrages einzubringen. Mithilfe der Bereitstellung von Zusatzaufgaben berücksichtige ich die Individualität der Arbeitsweise und des Arbeitstempos der einzelnen Gruppen. Somit können die Agenten, die ihren Auftrag vor dem Ablauf der Erarbeitungszeit fertiggestellt haben, die verbleibende Lern- und Arbeitszeit effektiv nutzen und sich weiterhin mit dem Thema auseinandersetzen. Dadurch wird das angenehme Lernklima im Klassenzimmer aufrechterhalten.

Alle Materialien, die die Schüler zur Bearbeitung des Spezialauftrages benötigen, liegen bereits auf den Gruppentischen bereit. Damit werden die körperliche Unruhe im

---

[21] Siehe Kapitel 5.2) S. 24.
[22] Vgl. Uhlenwinkel, Anke: Binnendifferenzierung im Geographieunterricht. In: Praxis Geographie. Binnendifferenzierung. Heft 3/2008. S. 4-6.
[23] Siehe Kapitel 5.3) S. 25.

Klassenraum sowie der Zeitverzug aufgrund der Materialbeschaffung vermieden. Während der Erarbeitungsphase ziehe ich mich aus dem Geschehen zurück und stehe den Schülern bei auftretenden Fragen als Lernberater und -begleiter zur Verfügung.

Im Allgemeinen herrscht in der Klasse 7b ein angenehmes Arbeitsklima bei der Umsetzung geöffneter Unterrichtsformen. Indem die Heranwachsenden während der Gruppenarbeit miteinander kooperieren, besteht die Möglichkeit, dass trotz des Einsatzes von Lautstärke-Chefs ein erhöhter Geräuschpegel auftritt. Sollte die Lautstärke ein unangemessenes Maß erreichen, weise ich die Lautstärke-Chefs darauf hin, ihre besondere Aufgabe aktiver und gewissenhafter wahrzunehmen. Des Weiteren kann die Situation eintreten, dass Schüler aus gesundheitlichen Gründen dem Unterricht nicht beiwohnen. In diesem Fall erfolgt eine Kürzung des Spezialauftrages in der entsprechenden Gruppe oder die Neuzusammenstellung eines Teams.

Die Phase der Ergebnissicherung kennzeichnet sich vorrangig durch die gegenseitige Schülerkontrolle. Infolge des gestellten Auftrages tauschen die Teams ihre Routen untereinander aus und prüfen diese nach Vollständigkeit und inhaltlicher Richtigkeit. Generell ziehe ich mich in dieser Phase aus der Kontrollfunktion zurück, da die Heranwachsenden zunehmend Verantwortung für den eigenen sowie den Lernprozess ihrer Mitschüler zu übernehmen sollen. Das genaue Kontrollieren der Arbeitsergebnisse führt ferner zur Festigung im Umgang mit Kartenmaterial sowie der topographischen Kenntnisse zu Südostasien. Nachdem alle Agententeams ihre Route zurückerhalten haben, dürfen sie ihre Ergebnisse auf freiwilliger Basis vorstellen. Die Entscheidung der fakultativen Ergebnispräsentation resultiert aus der temporären entwicklungspsychologischen Phase der Heranwachsenden sowie der allgemeinen Unterrichtssituation in der Klasse. Seit Beginn des Schuljahres stehen das Präsentieren von Unterrichtsinhalten und das Halten von Kurzvorträgen zu einem fachbezogenen Thema im Zentrum zahlreicher Fächer. Ungeachtet der Tatsache, dass es bedeutend ist, diese Fertigkeiten zu beherrschen, trägt es derzeit zur Demotivation der Lernenden bei. Um die Freude an der Schatzrallye aufrechtzuerhalten, verzichte ich auf die Präsentationspflicht, gebe jedoch den Agenten, die ihre Ergebnisse gern vorstellen möchten, dazu die Möglichkeit. Im Folgenden dürfen die Gruppen, die ihre Route vollständig und inhaltlich korrekt erstellt haben, ihre Schatztruhe öffnen und den Inhalt erstöbern. Den Agententeams, deren Route fehlerhaft ist, stelle ich eine bis drei individuelle Aufgaben zur Topographie Südostasiens[24]. Haben

---

[24] Siehe Kapitel 5.5) S. 30.

sie diese richtig beantwortet, dürfen auch sie die Truhe öffnen. Dieser Wettbewerbscharakter trägt zur Motivation bei, sich nochmals intensiv mit der Thematik zu befassen, um dadurch die Neugier zum Inhalt der Schatztruhe stillen zu können. Da jede Truhe zwar den gleichen Inhalt aufweist, welcher beim genaueren Hinsehen jedoch individuell erscheint, wird zudem Spannung erzeugt[25]. Daneben gewährleiste ich durch das Stellen von Zusatzaufgaben den Bezug zur Begrifflichkeit Rallye aufrecht. Bei einer Rallye handelt es sich um einen Wettbewerb, der stets nach bestimmten Vorgaben durchgeführt wird. Bei fehlerhafter Umsetzung erfolgt ein Punkteabzug oder das Bereitstellen von Sonderaufträgen[26]. Nachdem die Schüler genügend Zeit hatten, die Schatztruhe zu durchstöbern, stellen sie Vermutungen zur Bedeutung des Inhaltes für die nächsten Unterrichtsstunden an. Die Ideen der Schüler schreibe ich mit, um sie in den folgenden Geographiestunden nochmals aufgreifen zu können. Diese Form des Unterrichtsgespräches trägt zur Öffnung des subjektiven Konzeptes der Schüler zum vorliegenden Thema bei. Da ich nicht näher auf die Ideen der Lernenden eingehe, erzeuge ich Neugier zum Inhalt der folgenden Geographiestunden. Zudem erhalte ich die Möglichkeit, eventuelle Interessen oder besonderes Wissen der Heranwachsenden zu erfahren, welches in den Unterricht integriert werden kann.

Die Lerngruppe der Klasse 7b kennt die Form der gegenseitigen Kontrolle. Dabei fällt es einigen Schülern noch schwer, Arbeitsergebnisse anderer genau und korrekt zu prüfen und sie somit beim Lernen zu unterstützen. Um diese Fertigkeiten weiterzuentwickeln, wird die selbstgesteuerte Fremdkontrolle in dieser Stunde umgesetzt. Das birgt jedoch das Risiko einer Unruhe aufgrund inhaltlich falscher Korrekturen. Sollte dieser Fall eintreten, beruhige ich verärgerte Schüler und begutachte die betreffende Schatzroute. Sollte wider Erwarten das Engagement mehrer Agententeams bestehen, ihre Schatzroute vorzustellen, wird die Phase der Reflexion schriftlich durchgeführt, insofern der zeitliche Rahmen keine mündliche Durchführung dieser zulässt.

Die Methode des Blitzlichtes ist eine geeignete Form, den individuellen Lernprozess zu reflektieren. Die Aufgabe für jeden Heranwachsenden besteht in der Phase der Reflexion darin, den unvollständigen Satz: *In meiner Schatzkammer habe ich gespeichert, dass…* mit eigenen Worten zu vervollständigen und somit ihren persönlichen Lernzuwachs mündlich wiederzugeben.

---

[25] Siehe Kapitel 5.4) S. 29.
[26] Vgl. http://www.enzyklo.de/suche.php (04. Februar 2012).

Um einen geordneten Ablauf zu gewährleisten, erfolgt die Reflexion tischgruppenweise. Dabei gebe ich lediglich die Reihenfolge der Tischgruppen vor. Die Schüler entscheiden in den Teams selbst, wer nacheinander spricht. Auch in diesem Teil der Stunde beziehe ich die Powerpointpräsentation ein. Bevor ich die Heranwachsenden in die Pause entlasse, bitte ich sie, die Arbeitsblätter abzugeben und mir beim Umräumen des Klassenzimmers in den Originalzustand behilflich zu sein. Der Grund des Abgebens der Arbeitsblätter liegt darin, dass ich diese für jedes Agentenmitglied eines Teams kopiere und somit jeder Schüler seine Schatzroute, die er mitgestaltet hat, in seinen Hefter einordnen und mit topographischen Informationen erweitern kann.

Da die Schüler diese Reflexionsmethode kennen, gehe ich nicht davon aus, dass Komplikationen auftreten. Da es jedoch ein Maß an Konzentrationsfähigkeit erfordert, besteht die Möglichkeit, dass zum Beispiel Q, L und U unruhig sind. Durch entsprechend motivierende Worte sollen sie ermutigt werden, die letzten Minuten aktiv zuzuhören. Sollte die Zeit am Ende der Stunde aufgrund oben genannter Beeinflussung nicht mündlich umsetzbar sein, werde ich als Alternative Notizzettel bereitstellen. Das Blitzlicht wird dann schriftlich umgesetzt.

4) Geplanter Unterrichtsverlauf

Zeit (min)	Stundenphase	Medien/ Material	Lehrertätigkeit und Schülertätigkeit	Methode	SF	LZ
1	**Einstieg**		L: - gibt verbalen Hinweis zum Unterrichtsbeginn und begrüßt die S S: - begrüßen die L			

6	**Motivierung und Zielorientierung**	Laptop
		Beamer
		Lautsprecher
			L: - leitet den Unterricht ein und verweist auf das Feature
			   - ruft N auf und lässt den folgenden Auftrag laut und deutlich vorlesen: *Schaut aufmerksam zu und findet das Thema der Stunde heraus.*
			S: - liest die Aufgabe laut und deutlich vor
			L: - spielt das Feature vor und sorgt bei Bedarf für Ruhe
			S: - verfolgen das Feature aufmerksam
			
			L: - stellt die Aufgabe: *Nennt Eindrücke (Bilder und Informationen), die ihr gesammelt habt.*
			S: - mögliche Antworten: Es geht um einen Schatz.
			   (Beispiele) Wir lernen etwas über Südostasien.
			      Es geht um Länder, Gebirge, Flüsse und Städte.
			L: - stellt die Aufgabe: *Formuliert mithilfe der gesammelten Eindrücke das Thema der heutige Stunde.*
			   - gibt bei Bedarf unterstützende Impulse
			S: - mögliche Antworten: Schätze in Südostasien suchen
			   (Beispiele) Südostasien erkunden
			
			L: - wiederholt zusammenfassend das Thema der Stunde und erklärt den Verlauf und das Ziel der Stunde
			   - beantwortet bei Bedarf Fragen der S
				PPP
				
				Feature
				
				UG
				
				PPP und LV
					EA	

25	**Erarbeitungsphase**	Laptop Wandkarte Material für die Agenten- teams	S: - bearbeiten in den Agententeams den Spezialauftrag L: - sorgt bei Bedarf für angenehme Arbeitsatmosphäre - steht den S als Lernbegleiterin und -beraterin zu Verfügung	Arbeits- blatt	GA	LZ 2 LZ 3 LZ 5

10	**Ergebnissicherung**	Laptop
		Beamer
		Wandkarte
		Arbeitsblatt
		Material für
		die Agenten-
		teams
		Schatztruhe
			L: - lässt N den Auftrag vorlesen:
			Tauscht die Schatzrouten und kontrolliert sie gründlich mithilfe der Vorgaben zur Schatzroute.
			S: - Gruppen tauschen die Schatzrouten und kontrollieren diese gründlich
			   - geben die Routen nach der Kontrolle zurück
			L: - erfragt freiwillige Vorstellung einer Schatzroute
			S: - Freiwillige stellen ihre Schatzroute vor
			L: - stellt ggf. Gruppen, die die Rallye nicht nach den Vorgaben durchlaufen haben, Zusatzfragen
			   - gibt den Gruppen das Signal, die Schatztruhe zu öffnen und den Inhalt zu erkunden
			S: - öffnen die Truhen und erstöbern den Inhalt
			L: - stellt die Frage: *Stellt Vermutungen auf, mit welchen Inhalten wir uns in den folgenden Stunden beschäftigen.*
			S: - arbeiten aktiv mit
			   - mögliche Antworten: Wir beschäftigen uns in den nächsten Stunden mit Reis.
			   (Beispiele) Wir informieren uns über Nahrung aus Südostasien.
			   Es geht in der nächsten Stunde um kleine Tiger.
			L: - schreibt Vermutungen der S mit
				Schüler-
				kontrolle
				
				UG
						LZ 4

3	**Reflexion**	Laptop
		Beamer
			L: - ruft N auf und lässt den Auftrag vorlesen
			S: - N liest folgenden Auftrag laut und deutlich vor
			Vervollständige den Satz: „In meiner Schatzkammer habe ich gespeichert, dass…"
			L: - gibt ein Beispiel vor
			S: - geben nacheinander ihren Lernzuwachs mündlich wieder
			   - mögliche Antworten: … Südostasien aus Ländern, Inseln und Halbinseln
			   (Beispiele) besteht.
				PPP
				
				Blitzlicht
						LZ 1

			… das Land *** in Südostasien liegt. … sich in Südostasien der Fluss *** befindet. - hören sich gegenseitig aufmerksam zu L: - bittet die S abschließend um Hilfe beim Aufräumen des Klassenzimmers sowie bei der Abgabe der Routenpläne - verabschiedet die S in die Pause			

Legende

EA	= Einzelarbeit	L	= Lehrerin	LZ	= Lernziel	S	= Schüler
GA	= Gruppenarbeit	LV	= Lehrervortrag	PPP	= Powerpoint- präsentation	SF	= Sozialform

UG = Unterrichtsgespräch

5) Anhang (Auszüge)

5.1) Sitzplan der Agententeams

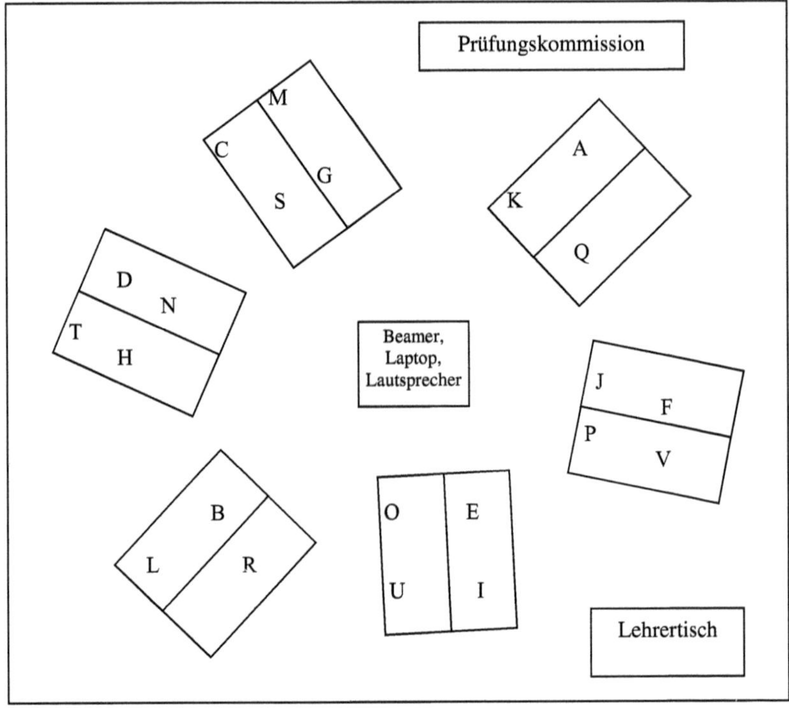

5.5) Zusatzaufgaben

- Nennt zwei weitere Länder Südostasiens, die noch nicht in eurer Schatzroute benannt wurden.

- Benennt zwei indonesische Inseln und zeigt sie in der Karte.

- Zeigt den Mekong und benennt Quelle und Mündung.

- Bangkok ist die größte südostasiatische Hauptstadt. Zeigt sie in der Karte.

- Bandar Seri Begawan ist die kleinste Hauptstadt Südostasiens. Zeigt sie in der Karte.

- Nennt zwei Nebenmeere des Pazifischen Ozeans, die sich im südostasiatischen Raum befinden.

Bibliographie

Lehrwerke, Monographien und Sammelwerke

Czekalia, Dieter; Werner, Steffen (Hrsg.): Terra. Geographie 5/6. Gotha 2005.

Dr. Richter, Dieter; Weinert, Gudrun (Hrsg.): Geographie. Klasse 5 Thüringen. Berlin 2001.

Geographisch-Kartographisches Institut Meyer (Hrsg.): Schülerduden. Die Geographie. Mannheim 1978.

Knippert, Ulrich (Konzeption und Bearbeitung): SchulAtlas Alexander. Gotha/ Stuttgart 2002.

Mietzel, Gerd: Wege in die Psychologie. 12. Auflage, Stuttgart 2005.

Thüringer Ministerium für Bildung Wissenschaft und Kultur (Hrsg.): Lehrplan für den Erwerb des Haupt- und Realschulabschlusses Deutsch. Erfurt 2011.

Thüringer Kultusministerium (Hrsg.): Lehrplan für die Regelschule und die Förderschule mit dem Bildungsgang der Regelschule Geographie. Erfurt 1999.

Thüringer Ministerium für Bildung Wissenschaft und Kultur (Hrsg.): Lehrplan für den Erwerb des Haupt- und Realschulabschlusses Kunst Entwurfsfassung. Erfurt 2011.

Thüringer Ministerium für Bildung Wissenschaft und Kultur (Hrsg.): Lehrplan für den Erwerb des Haupt- und Realschulabschlusses Musik Entwurfsfassung. Erfurt 2011.

Zimbardo, Philip G.: Psychologie. 4. neubearbeitete Auflage. Berlin/ Heidelberg 1983.

Zeitschriftenartikel

Uhlenwinkel, Anke: Binnendifferenzierung im Geographieunterricht. In: Praxis Geographie. Binnendifferenzierung. Heft 3/2008. S. 4-6.

Bild- und Internetquellen (04. und 05. Februar 2012)

[1] http://www.laender-lexikon.de/Asien_Länder_A-Z
[2] www.reiseweltatlas.de
[3] http://www.welt.de/wissenschaft/umwelt/article8656912/Abtauchende-Erdkruste-erzeugt-Spannungen.html
[4] http://www.enzyklo.de/suche.php
[5] http://d-maps.com/m/asie/asie24.gif
[6] http://www.kaleidoshop.de/produktkatalog/produktgrafiken/schatzkiste-holz.jpg
[7] http://upload.wikimedia.org/wikipedia/commons/3/38/Ferrari_360_Modena_Colorado.jpg
[8] http://www.hubifliegen.de/wp-content/uploads/hpr22.JPG
[9] http://www.momist.com/uploaded_images/XSMG-Speedboat-754365.jpg
[10] http://wolow.de/system/application/uploads/inserat/flat/Daumen-hoch.jpg